BEI GRIN MACHT SICH IHR WISSEN BEZAHLT

AF149047

- Wir veröffentlichen Ihre Hausarbeit,
  Bachelor- und Masterarbeit

- Ihr eigenes eBook und Buch -
  weltweit in allen wichtigen Shops

- Verdienen Sie an jedem Verkauf

Jetzt bei www.GRIN.com hochladen
und kostenlos publizieren

GRIN ☺

Ruben Dias Duarte

Unscharfe Hypothesen bei der einfachen Varianzanalyse mit zufälligen Effekten

GRIN Verlag

Bibliografische Information der Deutschen Nationalbibliothek:

Die Deutsche Bibliothek verzeichnet diese Publikation in der Deutschen National-
bibliografie; detaillierte bibliografische Daten sind im Internet über http://dnb.d-
nb.de/ abrufbar.

Impressum:

Copyright © 2012 GRIN Verlag GmbH
Druck und Bindung: Books on Demand GmbH, Norderstedt Germany
ISBN: 978-3-656-49272-6

Dieses Buch bei GRIN:

http://www.grin.com/de/e-book/231949/unscharfe-hypothesen-bei-der-einfachen-
varianzanalyse-mit-zufaelligen-effekten

UNIVERSITÄT HAMBURG

Fakultät Wirtschafts- und Sozialwissenschaften
Fachbereich Betriebswirtschaftlehre
Institut für Statistik und Ökonometrie

SEMINAR
ANGEWANDTE STATISTIK FÜR FORTGESCHRITTENE

THEMA 11
UNSCHARFE HYPOTHESEN BEI DER EINFACHEN
VARIANZANALYSE MIT ZUFÄLLIGEN EFFEKTEN

Seminararbeit im SS 12

eingereicht am: 19.06.2012

Inhaltsverzeichnis

1 Einleitung

Die Varianzanalyse untersucht den Einfluss nominalskalierter unabhängiger Variablen auf eine bzw. mehrere metrische abhängige Variablen. Das Zusammenwirken und die gegenseitige Beeinflussung mehrerer Faktoren kann mit der Varianzanalyse untersucht werden.

Es kann beispielsweise untersucht werden, ob die verschiedenen Düngemittel A, B, C und D einen Einfluss auf den Ernteertrag haben. Ein landwirtschaftliches Feld würde in mehrere Parzellen unterteilt werden. Per Zufall würden die Parzellen vier Gruppen zugeordnet werden, die dann mit den vier unterschiedlichen Düngemitteln behandelt werden. Jeder Parzelle werden anschließend Stichproben entnommen. Das Ergebnis gibt Aufschluss darüber, ob sich die Düngemittel in ihren Ernteerträgen signifikant unterscheiden.

Dieses Beispiel berücksichtigt lediglich eine nominalskalierte unabhängige Variable (Düngemittel) und eine abhängige metrische Variable (Ernteertrag), daher spricht man hierbei von der *einfachen Varianzanalyse*. Die Berücksichtigung anderer nominalskalierter Variablen (bspw. Klima, Bewässerung etc.) führt zur mehrfachen Varianzanalyse. Die Anzahl der Stichproben, die einer Parzelle entnommen werden, können sich unterscheiden. Wird jeder Parzelle die gleiche Anzahl an Stichproben entnommen, spricht man vom *balancierten Design*.

Weiter lässt sich zwischen *festen* und *zufälligen* Effekten unterscheiden. Feste Effekte sind dadurch charakterisiert, dass die unterschiedlichen Behandlungsmethoden im Vorwege festgelegt werden. Bei den zufälligen Effekten hingegen werden aus einer großen Menge an Behandlungsmethoden (in unserem obigen Beispiel Düngemittel) zufällig einige ausgewählt und anhand der Stichprobe wird anschließend eine Aussage über die Grundgesamtheit aller Behandlungsmethoden getroffen.

Diese Seminararbeit befasst sich ausschließlich mit der einfachen Varianzanalyse mit zufälligen Effekten und balanciertem Design. Mithilfe des Modells unscharfer

Mengen werden die Hypothesen zum Testen der Unterschiedlichkeit der Behandlungsmethoden umformuliert. Damit wird das Modell erweitert, da man im klassischen Modell mit einigen Nachteilen konfrontiert werden kann. Zum einen wird
schon bei minimalen Abweichungen vom getesteten Parameter bei genügend großen
Stichprobenumfang die Hypothese fast immer verworfen. Auf dieses Problem wird
in dieser Arbeit jedoch nicht näher eingegangen, da man sich in der Praxis Kosten
für die Stichprobenentnahmen gegenüber sieht, sodass versucht wird mithilfe eines
möglichst kleinen Stichprobenumfang Aussagen über die Grundgesamtheit treffen
zu können.

Das Problem des klassischen Modells, mit dem sich in dieser Arbeit vorrangig
befasst wird, stellt die komplemetäre Beziehung der Fehler 1. und 2. Art dar. Mithilfe
der unscharf formulierten Hypothesen wird versucht beide Fehlerkriterien simultan
zu kontrollieren.

Ziel ist es mithilfe einer möglichst kleinen Stichprobe beide Fehlerwahrscheinlich-
keiten bestimmen zu können und zu erreichen, dass beide möglichst eine vorgegebene
Schranke nicht überschreiten.

2 Modell

2.1 Klassisches Modell

Bei der Varianzanalyse mit zufälligen Effekten werden zunächst die a Behandlungs-methoden aus einer großen Menge von Behandlungsmethoden gezogen. Man möchte eine Aussage darüber machen, ob die Behandlungsmethoden äquivalent sind oder nicht. Wir konzentrieren uns hierbei auf den balancierten Fall, das heißt, dass von je-der Behandlungsmethode die gleiche Anzahl an Stichproben gezogen wird. Es ergibt sich für alle $i = 1, ..., a$ zufällig gezogenen Behandlungsmethoden und die $j = 1, ..., n$ ($n \in \mathbb{R}$) zufälligen Stichproben der Behandlunsmethode i das Modell:

$$y_{ij} = \mu + \tau_i + \epsilon_{ij} \quad , \tag{2.1}$$

wobei $\tau_i \sim \mathcal{N}(0, \ \sigma_\tau^2)$ für alle $i = 1, ..., a$ und $\epsilon_{ij} \sim \mathcal{N}(0, \ \sigma^2)$ für alle $i = 1, ..., k$ und $j = 1, ..., n$. Alle Zufallsvariablen τ_i und ϵ_{ij} seien voneinander unabhängig, dann gilt für alle i, j, dass $y_{ij} \sim \mathcal{N}(\mu, \ \sigma_\tau^2 + \sigma^2)$, wobei σ_τ^2 und σ^2 die Varianzkomponenten der Beobachtungen genannt werden.

Um die Nullhypothese gegen die Alternativ–Hypothese zu testen, bei gegebener Sicherheitswahrscheinlichkeit γ verwenden wir die Formulierung

$$H_0 : \sigma_\tau^2 = 0 \ ; \qquad H_1 : \sigma_\tau^2 > 0$$

Die Gesamtvarianz oder Total Sum of Squares (SS_T) wird dabei in ihre einzelnen Bestandteile zerlegt. Man erhält die Sum of Squares of Error (SS_E) und die Sum of Squares of Treatment ($SS_{Tr.}$). Es stellt sich dabei folgender Zusammenhang raus:

$$SS_T = SS_{Tr.} + SS_E \quad . \tag{2.2}$$

Die Total Sum of Squares (SS_T), die Sum of Squares of Error (SS_E) und die Sum of Squares of Treatment ($SS_{Tr.}$) sind dabei wie folgt definiert:

$$SS_T = \sum_{i=1}^{a} \sum_{j=1}^{n} (y_{ij} - \bar{y}_{..})^2 \tag{2.3}$$

$$SS_{Tr.} = \sum_{i=1}^{a} n(\bar{y}_{i.} - \bar{y}_{..})^2 \tag{2.4}$$

$$SS_E = \sum_{i=1}^{a} \sum_{j=1}^{n} (y_{ij} - \bar{y}_{i.})^2 \tag{2.5}$$

Bei Betrachtung des Erwartungwerts der Fehlervarianz (SS_E) und der erklärten Varianz ($SS_{Tr.}$) ergibt sich

$$E(SS_E) = \sigma^2 a(n-1) \tag{2.6}$$

$$E(SS_{Tr.}) = \sigma^2 (a-1) \quad , \tag{2.7}$$

das heißt, dass $\frac{SS_E}{\sigma^2} \sim \chi^2(a(n-1))$ und $\frac{SS_{Tr.}}{\sigma^2} \sim \chi^2(a-1)$. Nach dem Satz von Cochran sind SS_E und $SS_{Tr.}$ von einander unabhängig. Zum Testen verwendet man die Teststatistik:

$$T = \frac{\frac{n}{a-1} \sum_{i=1}^{a} (\bar{y}_{i.} - \bar{y}_{..})^2}{\frac{1}{a(n-1)} \sum_{i=1}^{a} \sum_{j=1}^{n} (y_{ij} - \bar{y}_{i.})^2} \tag{2.8}$$

Aufgrund der Unabhängigkeit von SS_E und $SS_{Tr.}$ ist die Teststatistik nach F verteilt.

$$T \sim F(a-1, \ a(n-1))$$

Die Nullhypothese wird abgelehnt, genau dann, wenn die Teststatistik T größer ist als der vom Signifikanzniveau und den Freiheitsgraden abhängige Wert der F-Verteilung (d. h. $T > F\gamma(a-1, \ a(n-1))$).

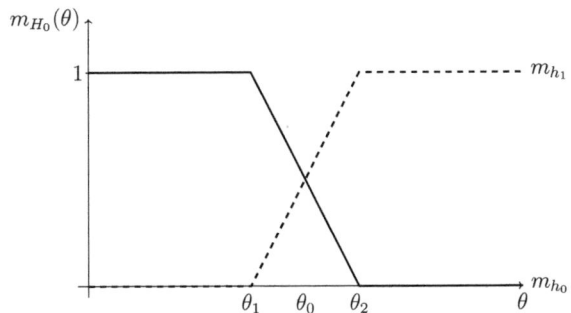

Abbildung 2.1: Zugehörigkeitsfunktionen der Null- und Alternativhypothese

2.2 Grundlagen unscharfer Hypothesen

Die Zugehörigkeitsfunktionen zu den unscharfen Hypothesen werden im Folgenden mit m_{H_0} und m_{H_1} bezeichnet, wobei $m_{H_1} = 1 - m_{H_0}$ gilt. Die Zugehörigkeitsfunktion m_{H_0} ordnet jedem Element θ des Parameterraums Θ einen Wert aus dem Bereich $[0;1]$ zu, der als Zugehörigkeitsgrad zur Nullhypothese interpretiert werden kann. Der Parameterraum Θ stellt die Menge aller möglichen Parameterwerte dar. Wir nehmen eine in einem bestimmten Intervall monoton fallende Zugehörigkeitsfunktion zur Nullhypothese an. Aufgrund des oben beschriebenen Verhältnisses zwischen m_{H_0} und m_{H_1} folgt daraus, dass die Zugehörigkeitsfunktion von m_{H_1} monoton steigend ist (siehe Abbildung 2.1). Ist das betrachtete θ kleiner θ_0, so ist der Wert der Zugehörigkeitsfunktion zur Nullhypothese größer als der der Alternativhypthese $(m_{H_0}(\theta) > m_{H_1}(\theta))$.[1] Das heißt, dass der Parameter θ Element der scharfen Menge $A_0 := \{\theta \in \Theta | m_{H_0}(\theta) > m_{H_1}(\theta)\}$ ist, also der Menge der Parameter, die eher der Nullhypothese zuzuorden sind. θ_0 ist der Parameterwert, bei dem sich die Zugehörigkeitsfunktionen schneiden. Ist das betrachtete θ größer θ_0, so ist der Wert der Zugehörigkeitsfunktion zur Alternativhypthese größer als der der Nullhypothese $(m_{H_0}(\theta) < m_{H_1}(\theta))$. Das heißt, dass der Parameter θ Element der scharfen Menge $B_0 := \{\theta \in \Theta | m_{H_0}(\theta) < m_{H_1}(\theta)\}$ ist, also der Menge der Parameter, die eher der Alternativhypohese zuzuorden sind.

Mit Hilfe der unscharf formulierten Hypothesen wird versucht, im Gegensatz zu den scharfen Hypothesen, nicht nur für den Fehler 1. Art, sondern auch für den Fehler 2. Art zu kontrollieren. Die verallgemeinerten Kriterien werden eingeführt, um die simultane Kontrolle für Fehler 1. und 2. Art zu ermöglichen. Nach Arnold

---

[1]mit $\theta_0 = \frac{\theta_1 + \theta_2}{2}$

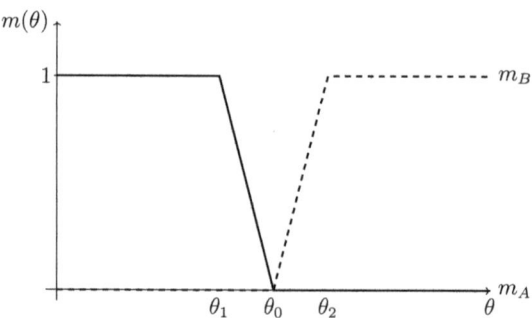

Abbildung 2.2: Zugehörigkeitsfunktionen der unscharfen Mengen A und B

(1996); Arnold (1998) und Gerke (2001, S. 15 f.) gilt für alle Tests ϕ

$$E_1(\phi) = \sup_{\theta \in A_0} (m_{H_0}(\theta) - m_{H_1}(\theta)) \cdot g(\phi, \theta) \quad , \tag{2.9}$$

$$E_2(\phi) = \sup_{\theta \in B_0} (m_{H_1}(\theta) - m_{H_0}(\theta)) \cdot (1 - g(\phi, \theta)) \quad , \tag{2.10}$$

wobei die Menge A_0 die scharfe Menge aller Träger der unscharfen Menge A mit der Zugehörigkeitsfunktion $m_A(\theta) = [m_{H_0}(\theta) - m_{H_1}(\theta)]^+$ für $\forall \theta \in \Theta$ und B_0 die scharfe Menge der Träger der unscharfen Menge B mit der Zugehörigkeitsfunktion $m_B(\theta) = [m_{H_1}(\theta) - m_{H_0}(\theta)]^+$ für $\forall \theta \in \Theta$ ist. Die Abbildung 2.2 veranschaulicht den Zusammenhang. Die Menge A_0 enthält $\forall \theta < \theta_0$ und die Menge B_0 enthält $\forall \theta > \theta_0$. Für $\theta = \theta_0$ können wir keine Entscheidung treffen. Die Fehler 1. Art und 2. Art können simultan kontrolliert werden, falls es für jedes $\alpha_0, \beta_0 \in (0,1)$ einen Test (a, n, c) gibt, mit

$$E_1(a, n, c) \leq \alpha_0 \qquad \text{und} \qquad E_2(a, n, c) \leq \beta_0 \quad .$$

2.3 Verallgemeinertes Modell

Für das verallgemeinerte Modell ergibt sich analog zum scharfen Modell für alle $i = 1, ..., a$ zufällig gezogenen Behandlungsmethoden und die $j = 1, ..., n$ $(n \in \mathbb{R})$ zufälligen Stichproben der Behandlunsmethode i das Modell:

$$y_{ij} = \mu + \tau_i + \epsilon_{ij} \quad , \tag{2.11}$$

wobei, wie im scharfen Fall $\tau_i \sim \mathcal{N}(0, \ \sigma_\tau^2)$ für alle $i = 1, ..., a$ und $\epsilon_{ij} \sim \mathcal{N}(0, \ \sigma^2)$ für alle $i = 1, ..., a$ und $j = 1, ..., n$. Alle Zufallsvariablen τ_i und ϵ_{ij} seien voneinander unabhängig, dann gilt für alle i, j, dass $y_{ij} \sim \mathcal{N}(\mu, \ \sigma_\tau^2 + \sigma^2)$, wobei σ_τ^2 und σ^2 die Varianzkomponenten der Beobachtungen genannt werden.

Um die Nullhypothese gegen die Alternativ–Hypothese zu testen, verwenden wir die Formulierung

$$H_0 : \sigma_\tau^2 \approx 0 \ ; \qquad H_1 : \sigma_\tau^2 \not\approx 0 \ .$$

Die Hypothese, dass die Behandlungsmethode keinen Einfluss hat, wird entschärft in dem die Varianz der Behandlungsmethoden nicht genau gleich Null sein muss, sondern nur in etwa Null entspricht.

Nach Arnold (1993, S. 8) wird der Parameter θ eingeführt, der ein Maß der Unterschiedlichkeit der Behandlungsmethoden darstellt

$$\theta := \frac{\sigma_\tau}{\sigma} \quad . \tag{2.12}$$

Analog zum scharfen Fall wird die Gesamtvariation (Gesamtvarianz) in ihre Bestandteile zerlegt, so dass gilt:

$$SS_T = SS_{Tr.} + SS_E \quad . \tag{2.13}$$

Die Berechnung von SS_T, $SS_{Tr.}$ und SS_E läuft analog zum scharfen Fall. Bei Betrachtung des Erwartungwerts der Fehlervarianz (SS_E) und der erklärten Varianz ($SS_{Tr.}$) ergibt sich

$$E(SS_E) = \sigma^2 a(n-1) \tag{2.14}$$

$$E(SS_{Tr.}) = (\sigma^2 + n\sigma_\tau^2)(a-1) \tag{2.15}$$

Somit schätzt $\frac{SS_E}{a(n-1)}$ den Parameter σ^2 erwartungstreu und es ergibt sich kein Unterschied zum scharfen Fall. Es gilt also $\frac{SS_E}{\sigma^2} \sim \chi^2(a(n-1))$.

Im scharfen Fall nehmen wir an, dass die Behandlungsmethoden keinen Einfluss haben, das heißt, dass $\sigma_\tau^2 = 0$, womit sich der gleiche Erwartungswert für $SS_{Tr.}$ ergibt, wie im scharfen Fall. Die unscharfe Formulierung unserer Hypothese lässt

eine Abweichung von Null zu und verändert somit den Erwartungswert. Setzen wir
den Parameter θ in 2.15 ergibt sich

$$E(SS_{Tr.}) = \sigma^2(1 + n\theta^2)(a - 1) \tag{2.16}$$

Auch im Falle unscharfer Hypothese lässt sich die Verteilung von $SS_{Tr.}$ mit Hilfe einer zentralen χ^2- Verteilung darstellen (Scheffé, 1959, S.253 ff.). Es gilt also
$\frac{SS_{Tr.}}{\sigma^2(1+n\theta^2)} \sim \chi^2(a - 1)$. Analog zum scharfen Fall wird weiter die Testgröße 2.8 verwendet

$$T = \frac{\frac{n}{a-1} \sum\limits_{i=1}^{a} (\bar{y}_{i\cdot} - \bar{y}_{\cdot\cdot})^2}{\frac{1}{a(n-1)} \sum\limits_{i=1}^{a} \sum\limits_{j=1}^{n} (y_{ij} - \bar{y}_{i\cdot})^2} \quad .$$

Nach Schach und Schäfer (1978, S.231 f.) gilt aufgrund der Unabhängigkeit von
$SS_{Tr.}$ und SS_E

$$\frac{T}{1 + n\theta^2} \sim F(a - 1, \ a(n - 1))$$

und die Testgröße ist somit weiterhin zentral nach F–verteilt. Die Nullhypothese,
dass die Behandlungsmethoden kaum einen Einfluss haben ($\sigma_\tau^2 \approx 0$), wird abgelehnt,
falls die Testgröße größer ist als die Testschranke c mit $c \in \mathbb{R}_+$ (d.h. $T > c$). Für
den Test (a, n, c) gilt

$$P_\theta(T > c) = 1 - P_\theta(T \le c) = 1 - F\left(a - 1, a(n - 1), \frac{c}{1 + n\theta^2}\right) \tag{2.17}$$

Die Gütefunktion des Tests, d.h. die Wahrscheinlichkeit die Nullhypothese abzu-
lehnen, in Abhängigkeit des wahren Parameters, ergibt sich damit zu

$$g(a, n, c, \theta) = 1 - F\left(a - 1, a(n - 1), \frac{c}{1 + n\theta^2}\right) \qquad \forall \theta \in \mathbb{R}_+ \tag{2.18}$$

Die Gütefunktion steigt monoton in θ. Um zu untersuchen, wann es möglich
ist beide Fehler simultan zu kontrollieren, wird die Gütefunktion des Tests in die
verallgemeinerten Kriterien für die Fehler 1. und 2. Art eingesetzt.

$$E_1(a, n, c) = \sup_{\theta \in A_0} \left\{ (m_{H_0}(\theta) - m_{H_1}(\theta)) \left(1 - F\left(a - 1, a(n - 1), \frac{c}{1 + n\theta^2}\right)\right) \right\}$$
$$\tag{2.19}$$

$$E_2(a, n, c) = \sup_{\theta \in B_0} \left\{ (m_{H_1}(\theta) - m_{H_0}(\theta)) F\left(a - 1, a(n - 1), \frac{c}{1 + n\theta^2}\right) \right\} \qquad (2.20)$$

Im Folgenden wird unter Zuhilfenahme einer stückweise linear fallenden Zugehörigkeitsfunktion für die Nullhypothese untersucht, für welche Parameter a, n, c die Fehler 1. Art und 2. Art gleichzeitig kontrolliert werden können. Dabei wird versucht, den Stichprobenumfang $a \cdot n$ zu minimieren. Desweiteren soll c kleinstmöglich gewählt werden, so dass das zulässige Signifikanzniveau α_0 vollständig ausgeschöpft wird. Das heißt, es soll gelten

$$E_1(a, n, c) = \alpha_0 \quad . \qquad (2.21)$$

3 Simultane Kontrolle der Fehlerkriterien

3.1 Zugrundeliegende Annahmen

Es sei für alle $i = 1, \ldots, a$ und alle $j = 1, \ldots, n$ das klassische Modell 2.1 gegeben

$$y_{ij} = \mu + \tau_i + \epsilon_{ij} \quad ,$$

wobei $\mu \in \mathbb{R}$ das Gesamtmittel, τ_i der zufällige Effekt von Behandlungsmethode i und ϵ_{ij} der Fehlerterm ist. Alle τ_i $(i = 1, \ldots, a)$ und alle ϵ_{ij} $(i = 1, \ldots, a$ und $j = 1, \ldots, n)$ seinen unabhängige Zufallsvariablen mit $\tau_i \sim \mathcal{N}(0, \ \sigma_\tau^2)$ und $\epsilon_{ij} \sim \mathcal{N}(0, \ \sigma^2)$. Insbesondere folgt hieraus, dass für alle i, j: $y_{ij} \sim \mathcal{N}(\mu, \ \sigma_\tau^2 + \sigma^2)$.

Die Zugehörigkeitsfunktion der Nullhypothese sei eine stückweise linear fallende Funktion mit

$$m_{H_0}(\theta) = \begin{cases} 1 & \text{für} \quad 0 \leq \theta \leq \theta_1 \\ \frac{\theta_2 - \theta}{\theta_2 - \theta_1} & \text{für} \quad \theta_1 < \theta \leq \theta_2 \\ 0 & \text{für} \quad \theta_2 < \theta \end{cases} \quad , \tag{3.1}$$

wobei $\theta_1, \theta_2 \in \mathbb{R}_+$ seien mit $\theta_2 \geq \theta_1$. Für die Alternativhypothese H_1 gilt, die Zugehöriskeitsfunktion $m_{H_1}(\theta) = 1 - m_{H_0}(\theta)$.

Bei der Bestimmung des verallgemeinerten Kriteriums für den Fehler 1. Art beschränken wir uns auf das Intervall $\theta_1 \leq \theta \leq \theta_0$, wobei $\theta_0 = \frac{\theta_1 + \theta_2}{2}$. Bei fallendem θ ist die Verteilungsfunktion $F\left(a - 1, \ a(n-1), \frac{c}{1 + n\theta^2}\right)$ monoton steigend und somit für die Alternative $1 - F\left(a - 1, \ a(n-1), \frac{c}{1 + n\theta^2}\right)$ monoton fallend. Es wird $h_1(\theta) := m_{H_0}(\theta) - m_{H_1}(\theta)$ mit $\theta_2 > \theta_1$ definiert, das heißt, dass der scharfe Fall ausgeschlossen wird. Setz man m_{H_0} und m_{H_1} in $h_1(\theta)$ ein, ergibt sich mit Hilfe von

$\theta_0 = \frac{\theta_1 + \theta_2}{2}$ für das Intervall $\theta_1 \leq \theta \leq \theta_0$

$$h_1(\theta) = \frac{\theta_0 - \theta}{\theta_0 - \theta_1} \quad . \tag{3.2}$$

Wir definieren $t := \frac{\theta_0 - \theta}{\theta_0 - \theta_1}$, wobei $t \in [0, 1]$ gilt. Nach θ aufgelöst erhalten wir $\theta = \theta_0 - t(\theta_0 - \theta_1)$. In dieser Gleichung wird θ_0 eliminiert, indem δ definiert wird mit $\delta := \theta_0 - \theta_1 = \theta_2 - \theta_0$ und für θ_0 eingesetzt wird. Es ergibt sich $\theta = \theta_1 + \delta(1 - t)$. Durch Einsetzen dieser Gleichung und der Gleichung $h_1(\theta) = t$ in 2.19 erhält man das verallgemeinerte Kriterium für den Fehler 1. Art

$$E_1(a, n, c) = \sup_{0 \leq t \leq 1} \left\{ t \cdot \left(1 - F\left(a - 1, a(n - 1), \frac{c}{1 + n(\theta_1 + \delta(1 - t))^2} \right) \right) \right\} \tag{3.3}$$

bei der einfachen Varianzanalyse mit zufälligen Effekten für eine stückweise linear fallende Zugehörigkeitsfunktion für H_0. Betrachtet man den Fall scharfer Hypothesen, das heißt, dass $\theta_1 = \theta_0 = \theta_2$ ($\Rightarrow \delta = 0$), so erhält man wegen 2.19 die Beziehung

$$E_1(a, n, c) = 1 - F\left(a - 1, a(n - 1), \frac{c}{1 + n\theta_1^2} \right) \tag{3.4}$$

Bei der Ermittlung des Fehlers 2. Art beschränken wir uns auf das Intervall $\theta_0 \leq \theta \leq \theta_0$. Es wird $h_2(\theta) := m_{H_1} - m_{H_0}$ definiert, wofür sich in dem oben genannten Intervall

$$h_2(\theta) = \frac{\theta - \theta_0}{\theta_2 - \theta_0} \tag{3.5}$$

ergibt. Es wird $t := \frac{\theta - \theta_0}{\theta_2 - \theta_0}$ definiert mit $t \in [0, 1]$. Wird die Gleichung nach θ aufgelöst, ergibt sich $\theta = \theta_1 + \delta(1 + t)$. Setzt man diese Gleichung mit $h_2(\theta)$ ein, erhält man für das verallgemeinerte Kriterium für den Fehler 2. Art

$$E_2(a, n, c) = \sup_{0 \leq t \leq 1} \left\{ t \cdot F\left(a - 1, a(n - 1), \frac{c}{1 + n(\theta_1 + \delta(1 + t))^2} \right) \right\} \tag{3.6}$$

Wie oben, ergibt sich im scharfen Fall, das heißt, dass $\theta_1 = \theta_0 = \theta_2$ die Beziehung

$$E_2(a, n, c) = F\left(a - 1, a(n - 1), \frac{c}{1 + n\theta_1^2} \right) \quad . \tag{3.7}$$

Aufgrund von Modellrechnungen kann angenommen werden, dass die in den geschweiften Klammern stehenden Ausdrücke der Gleichungen 3.3 und 3.6 im Intervall $0 < t < 1$ höchstens ein relatives Maximum besitzen, welches im Falle der Existenz zugleich ein relatives als auch absolutes Maximum ist. Existiert im Intervall $0 < t < 1$ kein relatives Maximum, so wird das absolute Maximum bei $t = 1$.

3.2 Herleitung der Bedingung

Nach der Herleitung der verallgemeinerten Kriterien für Fehler 1. und 2. Art und der Feststellung, dass der in den geschweiften Klammern stehende Ausdruck höchstens ein relatives Maximum hat, bleibt zu untersuchen, ob bei vorgegebenem a und n immer ein c existiert, womit 2.21 eingehalten wird. Diesbezüglich ist die Funktion $E_1(a, n, \cdot)$ zu analysieren. $E_1(a, n, \cdot)$ ist eine monoton fallende Funktion mit

$$\lim_{c \searrow 0} E_1(a, n, c) = 1 \qquad \text{und} \qquad \lim_{c \to \infty} E_1(a, n, c) = 0$$

für alle $a, n \in \mathbb{N}\backslash\{1\}$ und $\theta_1, \delta \in \mathbb{R}_+$. Es existiert also immer ein c, das bei vorgegebenem Stichprobenumfang n und bei vorgegebener Anzahl a von zu untersuchenden Behandlungsmethoden 2.21 einhält.

Weiter gilt es zu prüfen, ob die simultane Kontrolle der beiden verallgemeinerten Fehler für beliebige $\alpha_0, \beta_0 \in (0, 1)$ möglich ist. Es ist also zu prüfen, ob es zu vorgegebenem $\alpha_0, \beta_0 \in (0, 1)$ einen Test gibt mit

$$E_1(a, n, c) \leq \alpha_0 \qquad \text{und} \qquad E_2(a, n, c) \leq \beta_0 \quad .$$

Die beiden verallgemeinerten Fehlerkriterien 3.3 und 3.6 können wie folgt nach oben abgeschätzt werde:

$$
\begin{aligned}
E_1(a, n, c) &= \max \left\{ \begin{array}{l} \sup\limits_{0 < t < \alpha_0} \left\{ t \cdot \left(1 - F\left(a - 1, a(n-1), \frac{c}{1 + n(\theta_1 + \delta(1-t))^2} \right) \right) \right\} \\ \sup\limits_{\alpha_0 \leq t \leq 1} \left\{ t \cdot \left(1 - F\left(a - 1, a(n-1), \frac{c}{1 + n(\theta_1 + \delta(1-t))^2} \right) \right) \right\} \end{array} \right. \\
&\leq \max \left\{ \begin{array}{l} \alpha_0 \\ \sup\limits_{\alpha_0 \leq t \leq 1} \left\{ 1 - F\left(a - 1, a(n-1), \frac{c}{1 + n(\theta_1 + \delta(1-t))^2} \right) \right\} \end{array} \right. \\
&= \max \left\{ \alpha_0; \ 1 - \inf\limits_{\alpha_0 \leq t \leq 1} F\left(a - 1, a(n-1), \frac{c}{1 + n(\theta_1 + \delta(1-t))^2} \right) \right\}
\end{aligned}
$$

$$= \max\left\{\alpha_0; \; 1 - F\left(a - 1, a(n-1), \inf_{\alpha_0 \le t \le 1}\left\{\frac{c}{1 + n(\theta_1 + \delta(1-t))^2}\right\}\right)\right\}$$

$$= \max\left\{\alpha_0; \; 1 - F\left(a - 1, a(n-1), \frac{c}{1 + n(\theta_1 + \delta(1-\alpha_0))^2}\right)\right\}$$

$$E_2(a,n,c) = \max\left\{\begin{array}{l} \sup_{0 < t < \beta_0}\left\{t \cdot F\left(a-1, a(n-1), \frac{c}{1+n(\theta_1+\delta(1+t))^2}\right)\right\} \\ \sup_{\beta_0 \le t \le 1}\left\{t \cdot F\left(a-1, a(n-1), \frac{c}{1+n(\theta_1+\delta(1+t))^2}\right)\right\} \end{array}\right.$$

$$\le \max\left\{\begin{array}{l} \beta_0 \\ \sup_{\beta_0 \le t \le 1} F\left(a-1, a(n-1), \frac{c}{1+n(\theta_1+\delta(1+t))^2}\right) \end{array}\right.$$

$$= \max\left\{\beta_0; \; F\left(a-1, a(n-1), \sup_{\beta_0 \le t \le 1}\left\{\frac{c}{1 + n(\theta_1 + \delta(1+t))^2}\right\}\right)\right\}$$

$$= \max\left\{\beta_0; \; F\left(a-1, a(n-1), \frac{c}{1 + n(\theta_1 + \delta(1+\beta_0))^2}\right)\right\}$$

Wenn es einen Test (a^*, n^*, c^*) gibt, sodass die beiden folgenden Bedingungen erfüllt sind:

$$1 - F\left(a-1, a(n-1), \frac{c}{1 + n(\theta_1 + \delta(1-\alpha_0))^2}\right) \le \alpha_0 \qquad (3.8)$$

$$F\left(a-1, a(n-1), \frac{c}{1 + n(\theta_1 + \delta(1+\beta_0))^2}\right) \le \beta_0 \qquad (3.9)$$

so folgt daraus, dass es einen Test (a^*, n^*, c^*) mit kleinstmöglichen $a^* \cdot n^*$ und möglichst kleiner Testschranke c^* gibt, welcher die folgende Bedingung erfüllt

$$E_1(a^*, n^*, c^*) \le \alpha_0 \qquad \text{und} \qquad E_2(a^*, n^*, c^*) \le \beta_0 \quad .$$

Für große Freiheitsgrade kann die F–Verteilung durch eine Normalverteilung approximiert werden. Nach Abramowitz und Stegun (1970, S.947(Formel 26.6.13)) ergibt sich

$$F(df_1, df_2, x) \approx \Phi\left(\frac{x - \frac{df_2}{df_2 - 2}}{\frac{df_2}{df_2 - 2}\sqrt{\frac{2(df_1 + df_2 - 2)}{df_1(df_2 - 4)}}}\right) \qquad (3.10)$$

Mit steigender Anzahl a der Behandlungsmethoden wachsen die Freiheitsgrade der F–Verteilung, was eine Anwendung der Approximation im folgenden Lemma rechtfertigt.

Lemma *Sei $\delta > 0$. Dann existiert für große a ein Test(a,n,c), welcher mit Anwendung der Approximation der F-Verteilung durch die Normalverteilung die Bedingungen für 3.8 und 3.9 erfüllt.* (Fidan, 2007, S. 113 f.)

Beweis: Die Ungleichung wird in eine Gleichung umgeformt,um sie anschließend nach c auflösen zu können:

$$1 - F\left(a - 1, a(n-1), \frac{c}{1 + n(\theta_1 + \delta(1 - \alpha_0))^2}\right) = \alpha_0 \Leftrightarrow$$

$$F\left(a - 1, a(n-1), \frac{c}{1 + n(\theta_1 + \delta(1 - \alpha_0))^2}\right) = 1 - \alpha_0$$

Die F–Verteilung wird durch die oben angegebene Formel durch die Normalverteilung approximiert:

$$\Phi\left(\frac{\frac{c}{1+n(\theta_1+\delta(1-\alpha_0))^2} - \frac{a(n-1)}{a(n-1)-2}}{\frac{a(n-1)}{a(n-1)-2}\sqrt{\frac{2an-6}{a^2(n-1)-a(n+3)+4}}}\right) = 1 - \alpha_0$$

Dies ist gleichbedeutend mit

$$\frac{\frac{c}{1+n(\theta_1+\delta(1-\alpha_0))^2} - \frac{a(n-1)}{a(n-1)-2}}{\frac{a(n-1)}{a(n-1)-2}\sqrt{\frac{2an-6}{a^2(n-1)-a(n+3)+4}}} = \Phi^{-1}(1 - \alpha_0),$$

umstellen gibt

$$c = \left(\Phi^{-1}(1 - \alpha_0) \cdot \frac{a(n-1)}{a(n-1)-2} \cdot \sqrt{\frac{2an-6}{a^2(n-1)-a(n+3)+4}} + \frac{a(n-1)}{a(n-1)-2}\right)$$
$$\cdot (1 + n(\theta_1 + \delta(1 - \alpha_0))^2) \quad .$$

Das selbe Vorgehen wird für die Betrachtung des Fehlers 2. Art verwendet. Mit Hilfe der Approximation der F–Verteilung durch die Normalverteilung erhalten wir

$$\Phi\left(\frac{\frac{c}{1+n(\theta_1+\delta(1+\beta_0))^2} - \frac{a(n-1)}{a(n-1)-2}}{\frac{a(n-1)}{a(n-1)-2}\sqrt{\frac{2an-6}{a^2(n-1)-a(n+3)+4}}}\right) \leq \beta_0$$

und daraus

$$\frac{\frac{c}{1+n(\theta_1+\delta(1+\beta_0))^2} - \frac{a(n-1)}{a(n-1)-2}}{\frac{a(n-1)}{a(n-1)-2}\sqrt{\frac{2an-6}{a^2(n-1)-a(n+3)+4}}} \le \Phi^{-1}(\beta_0).$$

In diese Ungleichung wird nun der Ausdruck für die Testschranke c eingesetzt. Nach einigen Umformungen erhält man dann

$$\left(\Phi^{-1}(1-\alpha_0) + \sqrt{\frac{a^2(n-1)-a(n+3)+4}{2an-6}}\right)\frac{1+n(\theta_1+\delta(1-\alpha_0))^2}{1+n(\theta_1+\delta(1+\beta_0))^2}$$

$$-\sqrt{\frac{a^2(n-1)-a(n+3)+4}{2an-6}} \le \Phi^{-1}(\beta_0)$$

und

$$\left(\Phi^{-1}(1-\alpha_0)(1+n(\theta_1+\delta(1-\alpha_0))^2) - \Phi^{-1}(\beta_0)(1+n(\theta_1+\delta(1+\beta_0))^2)\right)\sqrt{2an-6}$$

$$\le \sqrt{a^2(n-1)-a(n+3)+4}\,\left(n(\theta_1+\delta(1+\beta_0))^2 - n(\theta_1+\delta(1-\alpha_0))^2\right) \quad.$$

Teilen durch $\sqrt{an}$ und n ergibt

$$\left(\begin{array}{c}\Phi^{-1}(1-\alpha_0)(\frac{1}{n}+(\theta_1+\delta(1-\alpha_0))^2) \\ -\Phi^{-1}(\beta_0)(\frac{1}{n}+(\theta_1+\delta(1+\beta_0))^2)\end{array}\right)\sqrt{2-\frac{6}{an}}$$

$$\le \sqrt{a\left(1-\frac{1}{n}\right)-\left(1+\frac{3}{n}\right)+\frac{4}{an}}\,\left((\theta_1+\delta(1+\beta_0))^2 - (\theta_1+\delta(1-\alpha_0))^2\right).$$

Das Lemma wird bewiesen, in dem gezeigt wird, dass diese Ungleichung für ein a gilt. Beide Seiten der Ungleichung sind für steigende n beschränkt. Wird n jedoch konstant gehalten und nur die Anzahl der Behandlungsmethode a vergrößert, so ist aus der Ungleichung ersichtlich, dass die linke Seite der Ungleichung beschränkt bleibt, aber die rechte Seite für steigende a und $\delta > 0$ nach oben unbeschränkt ist. Im scharfen Fall ($\delta = 0$) ist die rechte Seite der Ungleichung stets gleich 0. Ist a hinreichend groß, n konstant und $\delta > 0$ gilt diese Ungleichung stets. Das Lemma ist damit bewiesen.

□

θ_1	0			0.25			0.5		
δ	0.25	0.5	1	0.25	0.5	1	0.25	0.5	1
a	41	33	29	130	63	37	246	107	47
n	16	6	3	6	4	3	4	3	3
c	2.375	3.064	5.118	2.787	3.819	7.085	3.538	4.580	9.435

Tabelle 3.1: a, n und c bei der einfachen Varianzanalyse mit zufälligen Effekten wenn $\alpha_0 = 0.01$ und $\beta_0 = 0.1$

θ_1	0			0.25			0.5		
δ	0.25	0.5	1	0.25	0.5	1	0.25	0.5	1
a	18	13	9	39	19	17	72	32	21
n	12	5	3	6	4	2	4	3	2
c	1.843	2.373	4.243	2.609	3.431	4.565	3.377	4.225	6.006

Tabelle 3.2: a, n und c bei der einfachen Varianzanalyse mit zufälligen Effekten wenn $\alpha_0 = 0.05$ und $\beta_0 = 0.1$

3.3 Parameterbetrachtung

Im vorherigen Abschnitt wurde gezeigt, dass bei vorgegebenem Stichprobenumfang n und hinreichend großem a immer eine Testgröße c existiert, mit dem beide Fehlerkriterien simultan kontrolliert werden können. Im Folgenden werden verschiedene Parameterkonstellationen betrachtet. Zum einen können a, n, θ_1, δ und α_0 vorgegeben werden. Daraus lässt sich mithilfe von 3.3 und 2.21 die Testgröße c bestimmen und mithilfe von 3.6 kann β_0 bestimmt werden.

Unter Vorgabe von θ_1, δ, α_0, β_0 kann c nicht so einfach bestimmt werden, da auch gleichzeitig a und n ermittelt werden müssen. Mit der Nebenbedingung, dass $a \cdot n$ minimal werden soll, lassen sich mithilfe eines Algorithmuses die Parameter bestimmen. Die Werte in den Tabellen wurden beispielhaft mithilfe des Algorithmuses bestimmt, dabei sind nur die Parameterkonstellationen dargestellt, bei denen $a \cdot n$ minimal sind.

Mit variierenden Parametern kann man feststellen, dass die Testgröße c mit steigendem a fällt, für steigende n jedoch zunächst fällt und für größere n steigt. Für steigende θ_1, sowie δ steigt die Testschranke c. Setzt man diese verschiedenen Testschranken c in 3.6 ein, so kann man erkennen, dass für steigende a, n und δ das verallgemeinerte Kriterium für den Fehler 2.Art fällt. Für steigende θ_1 wäre ein ähnlicher Verlauf zu erwarten, da sowohl θ_1 als auch δ im Nenner des Ausdrucks $\frac{c}{1+n(\theta_1+\delta(1+t))^2}$ bzw. $\frac{c}{1+n(\theta_1+\delta(1-t))^2}$ aus 3.3 und 3.6 enthalten sind.

Jedoch wächst c mit steigendem θ_1 schneller, weshalb der Zähler den Ausdruck dominiert und somit E_2 steigt. Bei steigendem δ ist der Nenner größer als der Zähler, dadurch fällt E_2.

Empirische Implikationen:

Aus den Parameterbetrachtungen lässt sich ableiten, dass es in der Praxis vorgezogen wird viele verschiedene Behandlungsmethoden (großes a) mithilfe weniger Messungen (kleines n) miteinander zu vergleichen.

Durch Erhöhung des Grades der Unschärfe δ fällt E_2, weshalb sich $a \cdot n$ verringern lässt. Das spielt in der Praxis dann eine Rolle, wenn die Kosten der Stichprobenentnahme berücksichtigt werden müssen. Wird θ_1 (das Intervall, in dem $m_{H_0} = 1$) erhöht, so lässt sich eine Verringerung des Gesamtstichprobenumfanges nicht sofort erreichen, da wir im vorherigen Teil gesehen haben, dass mit steigendem θ_1 die Testgröße und das verallgemeinerte Kriterium für den Fehler 2. Art steigt. Jedoch fällt E_2 für steigende a, aber nicht so sehr für steigende n. Unter der Nebenbedingung, dass $a \cdot n$ minimal sein soll, lässt sich mit der Erhöhung von θ_1 die Messungen pro Behandlungsmethode n verringern, wenn gleichzeitig die Anzahl der Behandlungsmethoden a erhöht wird.

4 Schlussbetrachtung

In Rahmen dieser Seminararbeit haben wir das klassische Modell der einfachen Varianzanalyse mit unscharfen Hypothesen erweitert, mit der Absicht den Fehler 1. Art , sowie den Fehler 2. Art gleichzeitig zu kontrollieren. Unter der Annahme, dass der Parameter der Grundgesamtheit von Null verschieden sein kann, haben wir die Verteilung der Testgröße bestimmt und die Gütefunktion abgeleitet. Für die Zugehörigkeit zur Nullhypothese haben wir eine stückweise linear fallende Zugehörigkeitsfunktion angenommen und diese, sowie die Gütefunktion in die verallgemeinerten Fehlerkriterien eingesetzt und nach oben hin abgeschätzt. Anschließend wurde die F–Verteilung durch eine Normalverteilung approximiert und erhielten daraufhin eine Bedingung, welche für die simultane Kontrolle beider Fehler erfüllt sein muss. Für den Fall des klassischen Modells mit scharfen Hypothesen ist die Bedingung hinfällig. Dort gilt weiterhin die komplementäre Beziehung der Fehler, was an geeigneten Stellen gezeigt wurde.

Es wurde gezeigt, dass für eine hinreichend große Anzahl an Behandlungsmethoden eine simultane Kontrolle immer möglich ist, wohingegen das Erhöhen der Anzahl der Messungen dies nicht gewährleistet. Unter Berücksichtigung ökonomischer Aspekte (Kosten der Stichprobenentnahme) lässt sich daraus für die Anwendung ableiten, dass viele verschiedene Behandlungsmethoden mithilfe weniger Messungen verglichen werden sollten. Dies gewährleistet die simultane Kontrolle und minimiert gleichzeitig den Gesamtstichprobenumfang. Die Parameterbetrachtung hat ergeben, dass durch eine Erhöhung des Grades der Unschärfe der Gesamtstichprobenumfang ebenso minimiert werden kann. Außerdem kann der Fehler 2. Art durch eine Erhöhung der Anzahl der Behandlungsmethoden verringert werden.

Literaturverzeichnis

Abramowitz, M. und I. A. Stegun (1970): Handbook of Mathematical Functions, 9.
   Auflage: New York.

Arnold, B. F. (1993): Optimal Sample Size Choice in the Balanced One Way Layout,
   In: Diskussionsbeiträge zur Statistik und Quantitativen Ökonomik 59, S. 1–13.

Arnold, B. F. (1996): An Approach to Fuzzy Hypothesis Testing, In: Metrika 57,
   S. 119 – 126.

Arnold, B. F. (1998): Testing fuzzy hypothesis with crisp data, In: Fuzzy Sets and
   Systems 94, S. 323 – 333.

Fidan, H. (2007): Verallgemeinertes Testen von unscharf formulierten Hypothesen
   bei t- und F-Tests, Aachen: Shaker-Verl..

Gerke, O. (2001): Verallgemeinertes Testen von unscharf formulierten Hypothesen
   am Beispiel des linearen Regressionsmodells, Aachen: Shaker.

Schach, S. und T. Schäfer (1978): Regressions- und Varianzanalyse, Berlin: u.a..

Scheffé, H. (1959): The Analysis of Variance, Chichester: u.a..